地球不能没有动物 生生不息

地球不能没有

大象

林育真 / 著

山东教育出版社·济南

我是陆地第一巨兽

　　我是陆地上体形最大、体重最沉的第一巨兽，当然也是"超级大力士"。我的世界第一长的鼻子和超级大的耳朵，谁都能看到。我走起路来地面震动，就像一辆重型坦克开过来！

我来了，注意别让我踩到！你问我是谁？看看我这对世界第一的大耳朵，你就该知道我是非洲草原象。

除了非洲草原象，难道还有别的种类的大象吗？当然有，这群穿过树林走来的大象，模样和非洲象明显不同，它们是生活在我国西双版纳热带雨林中的亚洲象。

大象的三个家族

你以为我们大象都同种同族？当然不是。除了已经灭绝的多种古象，如今我们尚存三种——亚洲象、非洲草原象和非洲森林象。不同种类大象的分布地区和生活环境各不相同。

非洲森林象过去长期被认为和非洲草原象是同一物种，近年通过基因检测才确认其为独立的物种。

非洲草原象简称非洲象。世界陆地"第一巨兽"指的就是它。

这是一头雄性亚洲象，雌性亚洲象没有外露的象牙。

三种大象分布区

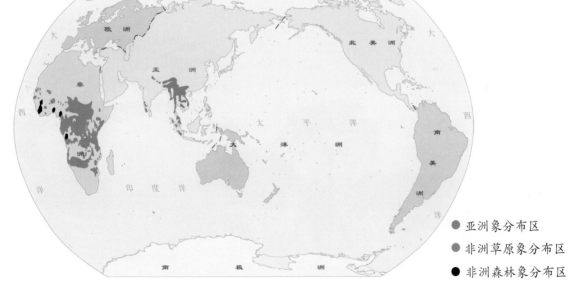

● 亚洲象分布区

● 非洲草原象分布区

● 非洲森林象分布区

三种大象分布在地球不同地区。非洲森林象和非洲草原象的分布区邻近，物种间差异较小。而非洲象和亚洲象分布区相隔很远，物种差异明显。

亚洲象和非洲森林象分别生活在亚洲和非洲的热带雨林，属于森林动物；非洲草原象生活在非洲的热带稀树草原，属于草原动物。长期生活在不同的环境中，形态和习性自然也不一样啦。

热带稀树草原

指在气候干燥、一年中干湿季节变化明显的热带地区，发育生长着热带高草稀树的草原。在那里，连片广袤的草类植物中稀疏散生着耐旱的乔木，因此被称为稀树草原。

只有广阔无垠、植物丰茂的热带稀树草原才能承载并养育数以万计、食量奇大的陆地第一巨兽。

非洲森林象生活在非洲西部的热带雨林中，它们身材较小，适应密林生活。

热带雨林

　　指在气候炎热、雨量充沛、终年温暖湿润的赤道附近的热带地区发育生长的，具有常绿高大植被的森林类型。那里一年到头都有森林象爱吃的树叶、嫩枝和草类。

我的耳朵圆圆的，也可以叫我圆耳象。

野生亚洲象生活在终年温暖湿润、林木繁茂的亚洲热带雨林。

3 种大象长得不一样

乍一看，好像我们的模样都差不多。其实，我们三种大象，无论大小、高矮、外貌包括长鼻子和大耳朵的模样，都有明显的区别。你只要认真比较，就能区分我们究竟是草原象还是和森林象了。

在三种大象中，非洲草原象最为高大，其身体最高部位在肩部。它的象牙特别长，外耳壳异常宽大。

亚洲象比非洲草原象稍小，其身体最高部位在头部。其象牙比非洲象的略短，外耳壳较小。

非洲森林象体形比非洲草原象小，耳壳大而圆，象牙朝下方生长。

仔细读一读，看一看，你也能清楚地辨认 3 种大象

3 种大象形态特征对比表

	身高体重	脊背形状	外耳壳大小形状	象牙		鼻端指状突	趾数	
				雄象	雌象		前足	后足
非洲草原象	3.5－4.1 米约 4－5 吨	中部下凹	超大 扇形	外露	外露	2 个	5	3 或 4
非洲森林象	2.7 米以下3 吨以下	中部下凹	大 圆形	外露	外露	2 个	5	4
亚洲象	2.1－3.6 米约 3－4.5 吨	中部微上凸	较小 近方形	外露	不外露	1 个	5	4

3 种大象论身高和体重，雄性都大于雌性。个别草原象可能长得特别高大，曾报道有重达 10 吨的大象，相当于 150 个成人的重量。

这是一对成年非洲象。雌象和雄象都有外露的獠牙，雌象獠牙较短小。象牙会随着大象年龄增长和加粗，但可能因打斗而磨损或折断。

这是一对成年亚洲象。走在前面的是雄象，后面的是雌象。亚洲象的前额左右各有一个隆起，被人们称为"智慧瘤"或者"聪明顶"，那儿也是其身体的最高点。

我们大象那一对露在外面的獠牙，是由上颚门齿演化来的，通常长到1米多，终生不脱换。世界上最大的象牙长达3.5米，是极个别超大块头非洲草原象的獠牙。象牙是我们主要的防御和进攻武器，我们还能借助象牙来寻找食物，挖取植物的根茎，挖开河泥找地下水。野猪、海象、一角鲸和河马等也有獠牙。

海象的獠牙真够长，是自卫和争斗时的利器，也能掘取泥沙中的蛤蚌，还能作为拐杖，帮助海象在冰面上匍匐前进。

雄野猪有两对外露的獠牙，雌野猪则没有。

一角鲸也叫独角兽，其实那根长角是突出唇外的一颗犬齿，长度为2-3米。

河马嘴大牙也大，门齿和犬齿都呈獠牙状。其门齿向前伸，如同匕首的下犬齿长50-60厘米。

臼齿就是我们的食物粉碎机。

除獠牙外，我们的嘴巴里还有用来咀嚼的臼齿。作为纯素食动物，每头成年大象平均一天吃200千克树叶或草类食物。我们用长鼻把食物送进嘴里，再用臼齿碾磨压碎，这样才好消化。

大象一生中，会生长和替换6次共24颗臼齿。一定时期内，大象牙床左右两侧各有一对臼齿用于咀嚼，旧的臼齿用坏了才会长出新的臼齿。

因长期磨损碎裂的坏牙　　　　正常的臼齿

大象会在60岁左右长出最后一套臼齿。如果臼齿全部磨损换完，老象就会因不能咀嚼食物而饿死。

只有粗壮有力的腿脚才能支撑起我们如此庞大的躯体，我们的每根象腿相当于直径约 0.5 米、周长 1.5 米的巨大"柱子"。巨大体形使我们看起来有点儿粗笨，其实我们有着令人惊讶的奔跑速度，短距离时速可达 38 千米，比人类快了整整一倍。

大象的身份"刻"在腿上。人类的指纹各不相同，每头大象腿部下方的褶皱纹理也是独一无二的。人们可以通过大象的"腿纹"，识别出不同的大象。

非洲象的外耳壳上下端距离可达 1.5 米，像两把超大的蒲扇。耳壳背面布满血管，能帮助散热降温。

我们的大耳朵可是有大用处，巨大的外耳壳能更好地收集声波，这使得我们的听觉异常灵敏。我们还能在数千米外，感受到同伴发出的被称为"次声"的低频声波，这是人耳听不到的。

亚洲象的外耳壳虽比非洲象小，但也足够大。雨林环境密闭，森林动物靠发达的听觉捕食和避敌。

生活在非洲热带稀树草原的非洲草原象，和斑马、羚羊，甚至还有非洲鸵鸟等草原动物混群生活在一起。这是一幅多么生机盎然的自然景象！

大象能通过地下的震动波感知远处同伴发出的多种信息，并且做出适当的反应。瞧，这头大象正在踩脚给同伴发信号呢。

我们成年后，皮肤会变得很厚，并且没有毛发，只在尾巴的末端有一撮毛。这让我们的尾巴像一支"毛掸子"，只要快速甩一下就能把讨厌的蚊蝇赶走。

谁能告诉我这两个大家伙到底在干什么？

我们成年后，鼻子可长达 2 米，是动物界最长和最灵巧的鼻子，它由数万块肌肉组成，健壮有力，伸屈自如，能连根拔起八九米高的大树。鼻子对我们来说，赛过人类的双手。

还有一些动物长着长鼻子，但它们的鼻子都无法和大象的相提并论。

长鼻子使貘的嗅觉非常灵敏，能在栖息的密林中侦测到食物或危险信号。

长鼻猴的鼻子并不算太长，而是像根肥大的茄子。只有成年雄性长鼻猴的鼻子才会长成这样，因为雌性长鼻猴将"大鼻子"作为择偶标准。

我们的鼻子简直是万能的，能闻嗅、呼吸、取食、喝水、驱赶蚊蝇、吸水冲凉、搬运物品，还能用于打斗。我们生起气来，能用长鼻把人或其他动物卷起甩出很远。

长颈鹿能吃到6米高的树叶，我举起长鼻也能够到。

看我们的长鼻末端，有一个突起，叫作"指状突"。这可是我们象鼻上最灵敏的部位，它能捡拾或拿住很细小的物体。

这是亚洲象鼻的鼻端及其指状突。亚洲象鼻的指状突只有一个。

这是非洲象鼻的鼻端及其指状突。非洲象鼻的指状突上下各一个。

大象用象鼻卷起大把草料送进嘴里。

大象喜欢在泥水中嬉戏，用鼻子吸取泥水给自己淋浴，既能降温又能保养皮肤。

象鼻子干重活很得力。哪怕一吨重的物体，象鼻也能轻松抬起。

　　我们的长鼻还有一个优点，就是有超长的鼻腔能帮我们发出多种声音与同伴沟通，比如发出呼喊声、吼叫声、嘟哝声、低沉的隆隆声、呼噜声……我们还会把长鼻弯成喇叭状，这样发出的声音更响亮。

无敌大力王

　　庞大的身躯赋予我们无与伦比的力量，加上有巨大的獠牙和神奇的长鼻子，老虎、狮子等猛兽，以及同样大块头的犀牛和河马，都不敢随便来招惹我们。我们大象可不是好欺负的！

小样儿，尽管放马过来！

▲ 两头雄性非洲草原象互不退让，拼尽全力一决高下。结果通常以败方认输后退了事，胜者并不穷追猛打。

◀ 半躺在草地上的雌狮，眼睁睁地看着一头成年大象从身边走过，它自觉势单力薄，不敢去招惹这头大象。

我们喜欢群居，常以家族为单位进行活动。野生象群大多由 20-30 头成员组成，大部分活动听从一头母象头领的指挥。象群里的成年大象都很关心和照顾小象，"尊老爱幼"是我们的优良传统。

在象群中，象宝宝们有多个"妈妈"爱护，小家伙们总是被围护在群体的中间。

大象群体中有严格的等级制度，吃喝和迁移等行动都按照地位高低有序进行，群体成员之间相互友爱。

我们爱水成性！除了天天要饮水，还要洗泥水浴。在炎炎夏日，我们一天要下水 3—4 次。我们喜欢把全身涂满泥浆，这样不仅可以降温解暑，还能防止皮肤过于干燥和害虫的侵袭。

成年非洲草原象一天要喝 200 升水。我们先把水吸到鼻子里，再送入嘴里喝下。幼象要通过学习，才能掌握用鼻子吸水的技巧。

我们喜欢在湖滨或沿河地带生活，方便每天就近喝水和洗浴。我们天生善于游泳，能涉水渡过江河，甚至能在水中连续游好几个小时。要是坑塘水太浅不能没过全身，我们就用长鼻吸水淋洒到身上，让全身变得凉爽。

没想到吧？如此庞大的我竟然是游泳健将！

大象游泳时，可以将全身没入凉爽的水中，只有象鼻伸出水面呼吸。大象能保持这种泳姿长达 1 小时。

非洲草原象每年都要经历旱季的考验。旱季的草原酷热难耐，草木枯黄，植被稀疏，坑塘和小河接连干涸。为了寻找水源，象群成员们聚集一起，由群中最有经验的老年母象带领着，进行长距离的迁移。象群通常要忍受饥渴，长途跋涉几百千米，才能找到有水的地方。

非洲草原象群又渴又热，身上沾满了红土泥浆。

大象是聪明而且记性好的动物。象群跟随领头的母象终于到达理想的乐园——水量丰沛的河流或湖畔。它们会在那儿一直待着，直到老家的雨季到来，植被重新繁茂时才会再次启程返回。

宝宝降生了！

作为陆地第一巨兽，母象的孕期是兽类中最长的，需要经过 20~22 个月才能生下幼象。雌象每隔四年才生一头幼象。雌象长到 10~11 岁才发育成熟，雄象更晚，到 12~14 岁才成熟。

野生雌象生宝宝的时候，象群中的象姑姑、象姨妈们会
围成一圈，保护着象妈妈和即将出生的象宝宝。

新生非洲象宝宝体重就有 90–100 千克，身高可达 1 米。象宝宝刚出生时趴在地上，仅过几十分钟就能站立起来，两天后就能跟着妈妈到处走动，但此时象宝宝还不能保护自己。象宝宝会一直吮吸妈妈的乳汁直到 3 岁。

新生象宝宝的个头相当高大，但要靠象妈妈帮它站立起来。象宝宝的身上毛茸茸的，长大后体毛会逐渐褪去。

非洲象妈妈悉心地带着两个孩子。象妈妈会无微不至地看护、照料幼象到其 8 岁，不让鬣狗、狮子等掠食兽伤害幼象。上图中，非洲象妈妈带着的两个孩子分别是 1 岁和 5 岁。

象宝宝的鼻子还有些短，看起来非常可爱。象宝宝的鼻子会随着年龄的增长而变长，同时，它也会逐步学习使用长鼻子的各种技能。

保护大象刻不容缓

　　亚洲象性情温顺，早在农耕时代，就已被人类驯养成家畜，由主人照管、喂养，代替当时缺少的人力和畜力。非洲象则性野难驯。今天多数人已经意识到，大自然才是大象最好的归宿。

在南亚、东南亚地区，大象是很受人们喜爱的吉祥物。

长久以来，象牙被人们当作名贵的雕刻材料。虽然近年来，国内外都有禁止象牙贸易的法律法规，但是在利益的驱使下，盗猎依然猖獗。这使大象面临濒危，甚至有灭绝的危险。

大象是有智慧、有感情的生灵，是自然界赐给人类的无价之宝。地球不能没有大象！让我们认识大象，了解大象，科学地保护大象，让"陆地第一巨兽"得以继续生存！

亲爱的小朋友们，我是科普奶奶林育真，如果你们有关于动物生态的问题，找我就对了！

很高兴认识你们！这套《地球不能没有动物》系列科普书是我专门为小朋友创作的"科"字当头的动物科普书，尽力融科学性、知识性和趣味性为一体。

读完这本书，希望你至少记住以下科学知识点：

全方位展现野生动物世界。

1. 地球上尚存三种大象——亚洲象、非洲草原象和非洲森林象。

| 亚洲象 | 非洲草原象 | 非洲森林象 |

3. 大象有万能的象鼻，可以呼吸、取食、驱赶蚊蝇、搬运重物，等等。

2. 大象有大胃口，每天需要吃很多食物。

全球现存约 40 万头大象，但是为什么说大象濒危呢?

由于栖息地遭到侵占，以及每年有数以万计的大象遭偷猎滥杀，最近 30 年来大象数量剧减了约 50%，因此说大象的生存面临严重的威胁。

地球不能没有大象

1. 许多国家开展了大规模的"拯救大象运动"和"对象牙制品说不"等公益活动，我们要尽力参与、支持此类公益活动。保护大象，人人有责。

2. 到动物园或国家公园观赏大象，要遵守规则，尊重动物，不捉弄、惊吓动物，不乱投喂食物。

3. 反对强制利用大象赚钱的行为，严禁虐待、残害任何一头大象。

SOS

图书在版编目（CIP）数据

地球不能没有大象 / 林育真著. —济南 ：山东教育
出版社，2022

（地球不能没有动物 . 生生不息）

ISBN　978-7-5701-2212-7

Ⅰ . ①地… 　Ⅱ . ①林… 　Ⅲ . ①长鼻目 – 少儿读物
Ⅳ . ① Q959.845–49

中国版本图书馆 CIP 数据核字（2022）第 124864 号

责任编辑：周易之　顾思嘉　李　国
责任校对：任军芳　刘　园
装帧设计：儿童洁　东道书艺图文设计部
内文插图：小 O 快跑　李　勇

地球不能没有大象
DIQIU BU NENG MEIYOU DAXIANG

林育真　著